Sitzungsberichte
der Akademie der Wissenschaften
der DDR
Mathematik–Naturwissenschaften–Technik

Jahrgang 1989 · Nr. 8/N

**Helmut Böhme**

# Das Gen – Zur Theorie des Begriffes

Dem Andenken an Akademiemitglied
Hans Stubbe gewidmet

AKADEMIE-VERLAG BERLIN
1989

Vortrag vor der Klasse Biowissenschaften
der AdW der DDR am 24. März 1988 von
Helmut Böhme, Ordentliches Mitglied der
Akademie der Wissenschaften der DDR

Herausgegeben im Auftrage
des Präsidenten der Akademie
der Wissenschaften der DDR
von Vizepräsident Prof. Dr. Hans-Heinz Emons

ISBN 3-05-500531-7
ISSN 0138-3965

Erschienen im Akademie-Verlag Berlin, Leipziger Straße 3–4, DDR-1086

Lizenznummer: 202 · 100/304/90
Printed in the German Democratic Republic
Gesamtherstellung: VEB Druckhaus Köthen
LSV 1325
Bestellnummer: 764 090 2 (2010/89/8/N)
00300

Wenn ich das Zitat „Der heutige Tag ist ein Resultat des gestrigen, was dieser gewollt hat, müssen wir erforschen, wenn wir zu wissen wünschen, was jener will", Heinrich Heine, an den Anfang meiner Betrachtungen zur Entwicklung des Genbegriffes stelle, sollte nicht der Gedanke entstehen, hier solle Literatur oder Literaturwissenschaft erörtert werden. Nein, aber ich glaube trotz – oder gerade wegen – aller Attraktivität und Aktualität von Molekularbiologie und Molekulargenetik, die auch die gegenwärtigen Auffassungen vom Gen bestimmend beeinflussen, ist es wohl geboten, auf die wissenschaftlichen Beweggründe zu verweisen, die vor nunmehr fast 90 Jahren zur Auffassung von der partikulären Natur des Erbgutes und der Entwicklung des Genbegriffes führten.

Ich werde so, nach einer kurzen historischen Rückschau, in meinem Vortrag im wesentlichen zwei Problemgebiete behandeln, die sich allerdings ihrer Natur nach nicht fein säuberlich voneinander trennen lassen, sondern, sich gegenseitig bedingend und wechselseitig vorantreibend, verschiedene Aspekte des Themas darstellen: Es sind die genetische und die biochemisch-stoffliche Charakterisierung dessen, was wir heute unter Gen verstehen können. Die gegebenen Notwendigkeiten der Dauer und des Rahmens dieses Vortrages zwingen dazu, sich stark auf den gegenwärtigen Stand der Ausarbeitung der Theorie und deren Diskussion ohne wesentliche Berücksichtigung der experimentellen Ableitungen zu konzentrieren. Ich gehe dabei auch nicht auf eigene Arbeiten, die in weiterer Beziehung zum Thema stehen, ein.

Die Arbeiten Mendels, jene der Wiederentdecker, der von ihm erkannten Gesetzmäßigkeiten – Correns, de Vries und Tschermak – sowie deren Nachfolger hatten den folgenden verallgemeinerten Befund erbracht: Die Keimzellen der Organismen enthalten zahlreiche, voneinander trennbare und rekombinierbare Anlagen, die während der Entwicklung des aus der Vereinigung zweier Gameten entstandenen Organismus die Ausbildung spezifischer Merkmale oder Eigenschaften bedingen. In diesem Sinne brachte Johannsen 1909 die Bezeichnung Gen in die Vererbungsforschung ein. Sehr bald wurde jedoch festgestellt, daß nicht alle Gene eines Organismus miteinander frei kombinierbar sind. Bei allen genetisch gut untersuchten Organismen konnte eine Anzahl Gen-Gruppen beobachtet werden; Gene aus verschiedenen Gruppen sind miteinander frei kombinierbar, Gene einer Gruppe jedoch sind gekoppelt, d. h. sie sind nicht oder nur mit geringerer als zu erwartender Häufigkeit rekombinierbar. Die Anzahl dieser Gruppen stimmt mit der Anzahl von Chromosomen des haploiden Chromosomensatzes des entsprechenden Objektes überein. Neben einer Reihe anderer Gegebenheiten, auf die ich hier nicht eingehen kann, ist diese Übereinstimmung von Zahl der Koppelungsgruppen und Anzahl der Chromosomen einer der Beweise für die Chromosomentheorie der Vererbung, die besagt, daß die Chromosomen Träger von Genen sind.

T. H. Morgan, der die Fruchtfliege *Drosophila melanogaster* in die genetische Forschung einführte und seine Schule errichteten das Gebäude dieser Theorie, die bei allen in den folgenden Jahrzehnten vorgenommenen Erweiterungen und Ergänzungen noch heute das Grundgerüst der Vererbungslehre darstellt und volle Gültigkeit besitzt. Bei dieser großartigen wissenschaftlichen Leistung spielte, wie bei anderen experimentellen biowissenschaftlichen Entdeckungen, die Wahl des Objektes eine nicht zu überschätzende Rolle. Das Vorhandensein klar definierbarer erblicher Merkmale, leichte Kultivierbarkeit, kurze Generationszeit, geringe Anzahl von Chromosomen, das Vorhandensein von Riesenchromosomen und anderes mehr zeichnet *Drosophila* aus. Es wäre überhaupt ein reizvolles und interessantes Thema eines gesonderten Vortrages, zu zeigen, welche fruchbaren Wechselbeziehungen zwischen formulierter Fragestellung, gewähltem Objekt, angewandter Methode, ausgeübter Denkweise und erzieltem Ergebnis, d. h. erarbeiteter Theorie, bestehen! *Drosophila*, Bakterien, Bakteriophagen und die Techniken ihrer Beherrschung als Versuchsobjekt würden, was die Genetik anbetrifft, so wie in der Biochemie heute etwa Dichtegradientenzentrifugation, Dünnschichtchromatographie, Restriktionskartierung u. ä., mehrere Kapitel einer solchen Darstellung füllen. Die Zusammenfügung und Kombination der verschiedenartigen genetischen, mikrobiologischen und biochemischen Methoden schließlich hat zu den großen Entdeckungen der letzten Jahrzehnte geführt.

Das hervorstechendste Merkmal des Gens war zunächst seine Konstanz, seine Stabilität. 1925 bis 1927 vermochten jedoch H. Muller, Filipčenko, wenige Jahre später Stubbe u. a. mit ionisierenden Strahlen und um 1940 Auerbach, Rapoport und Oehlkers mit Chemikalien Mutationen auszulösen. Eine wichtige theoretische Durchdringung leisteten Timoféeff-Ressovsky, Zimmer und Delbrück in den 30er und 40er Jahren. Es sei nur an die Treffertheorie erinnert. Bereits in dem dieser Theorie 1947 gewidmeten und in Leipzig bei S. Hirzel erschienenen Buch befindet sich ein Abschnitt über die „Natur des Gens".

Wir nähern uns in diesem kurzen historischen Überblick der Neuzeit der modernen Genetik, die mit den magischen drei Buchstaben DNS oder DNA verbunden ist. 1953 schlagen Watson und Crick auf der Grundlage der zusammen mit Wilkins erzielten Befunde das Struktur- und Replikations-Modell der Desoxyribonukleinsäure vor, womit eine neue Etappe der Biowissenschaften, die Molekularbiologie, eingeläutet wurde.

An dieser Stelle müßten noch viele theoretische Höhepunkte angeführt werden: die Ein Gen-Ein Enzym-Hypothese, präzisiert in Ein Cistron-Ein Polypeptid; der Nachweis der Triplet-Natur und die Entschlüsselung des genetischen Codes, die vorausgesagte Isolierung der m-RNA, das Vordringen zu den molekularen Mechanismen des Mutationsprozesses; und es müßten viele Namen genannt werden, etwa Kühn und Butenandt, Beadle, Ephrussi und Tatum als wichtige Wegbereiter der biochemischen Genetik, Dubinin und Demerec, Jacob und Monod, Meselson und Stahl, Temin und Baltimore – lassen wir die Aufzählung, sie muß in diesem Rahmen einen Hauch von Willkürlichkeit tragen.

Welchen Wandel hat der Genbegriff seit jener Anfangszeit durchgemacht? Ist das Gen eine real existierende Erscheinung, die in dem materiellen Substrat der Vererbungsprozesse, den Nukleinsäuren, ihre Widerspiegelung findet? Ist das Gen, so wie ursprünglich angenommen, Einheit der Mutation, der Rekombination und der Funktion?

Kurz vor der Entdeckung von Watson, Crick und Wilkins hat Pontecorvo 1952 in einem Aufsatz in den Advances in Enzymology die damals geläufigen und seine eigenen Vorstellungen zur Genstruktur und Genwirkung prägnant zusammenfassend dargestellt. Auf Grund der Analyse der vorliegenden Daten kam er, soweit ich sehe, als einer der Ersten zur Aufgabe der Vorstellung vom Gen als Einheit von Rekombination, Mutation und Funktion. Er formulierte sinngemäß: Die letzten (im Sinne von kleinsten) Einheiten des Crossing-over (Rekombination) und der Mutation, die nicht identisch zu sein brauchen, können zumindest in einigen Fällen ein oder zwei Größenordnungen kürzer sein, als das Chromosomensegment, das die Grundlage für die Einheit der physiologischen Wirkung, also der Funktion, bildet (Pontecorvo 1952, S. 133). Damit begann eine theoretische Aufgliederung des Genbegriffes, die in den bekannten Arbeiten von Benzer am Bakteriophagen T4 und seinem Gen rII einen ihrer Höhepunkte fand. Das hohe genetische Auflösungsvermögen, das in der Phagengenetik erreicht wird, erlaubte eine in diesem Maßstab bis dahin kaum vorstellbare, ins Detail gehende Feinstrukturanalyse eines Gens.

Der junge Festkörper-Physiker und spätere Nobelpreisträger, Seymour Benzer, besuchte den legendären Phagen-Kurs von Max Delbrück in Cold Spring Harbor und kam so zur Genetik. Er stellte sich die Frage, ob die durch genetische Rekombination unterteilbare Eindimensionalität und Linearität der Anordnung der Gene auf dem Chromosomen, auch bis herab zur molekularen Ebene des genetischen Materials anzutreffen ist. Sollte ein

Stückaustausch innerhalb eines Gens vorkommen, dann wäre dieser mit einer verschwindend geringen Häufigkeit zu erwarten, die mit den normalen Methoden der Rekombinationsanalyse wegen der erforderlichen großen Individuenzahl kaum nachzuweisen wäre. Benzer verwendete in seinen Experimenten eine Gruppe von Mutanten des Phagen T4, die r-Mutanten (rapid lysis), die sich vom Wildtyp in der plaque-Morphologie und im Wirtsbereich unterscheiden. Nach Mischinfektionen von Bakterienzellen mit zwei oder mehr genetisch verschiedenen Phagen-Partikeln kann es innerhalb der Wirtszellen zu Rekombinationen des genetischen Materials der Phagen kommen, deren Produkte durch Verwendung geeigneter Wirtsbakterien selektierbar sind. Mit diesem System können Rekombinationsereignisse gemessen werden, die mit einer Häufigkeit (oder besser Seltenheit) von $10^{-2}$ bis$10^{-3}$% eintreten. Zum Zeitpunkt der Schaffung der gleich zu erwähnenden Terminologie hatte Benzer etwas mehr als 900 rII-Mutanten untersucht; sie fallen bei der Analyse im cis/trans-Test in zwei große, als Cistron bezeichnete Bereiche, A und B. Diese Einheiten entsprechen im wesentlichen dem, was bis dahin unter Gen verstanden wurde.

Ich muß an dieser Stelle zum besseren Verständnis des folgenden einige Ausführungen zur genetischen Methodologie und Terminologie machen und bitte die anwesenden Sachkenner um Nachsicht. Bereits seit Mendel und bis heute ist die genetische Rekombination sowie die Untersuchung ihrer Produkte die beherrschende Methode der Analyse der Genomstruktur der Organismen. Rekombination erfolgt bei höheren Organismen nach Kreuzung, d. h. als Folge eines sexuellen Prozesses. Es war daher einer der entscheidenden Markierungspunkte in der Entwicklung der modernen Genetik, als in den späten 50er und beginnenden 60er Jahren parasexuelle Vorgänge bei Bakterien gefunden wurden; u. a. durch diese Entdeckung stiegen sie in den Rang bevorzugter Objekte genetischer Forschungen auf. Diese parasexuellen Prozesse bestehen in der konjugativen Übertragung von Chromosomenfragmenten (Konjugation), dem Transfer kleinerer Chromosomenbruchstücke mit Hilfe von Bakteriophagen (Transduktion), der Übertragung mittels Plasmiden (Transfektion) oder mit reiner DNA wie bei der Transformation. Ein genetisch gleichwertiger Vorgang, der ebenfalls zur Rekombination von Genomen führt, erfolgt bei Bakteriophagen nach Mischinfektion der Bakterienzelle mit genetisch unterschiedlichen Phagenpartikeln.

Das diesen Vorgängen bei aller Unterschiedlichkeit im Ablauf und im Detail Gemeinsame und Entscheidende ist die Zusammenführung von verschiedenen Genomen oder Genomteilen, d. h. die Entstehung von kompletter oder partieller Heterozygotie. Es würde sich lohnen, über die biologische Bedeutung der Heterozygotie gesondert nachzudenken und dabei u. a. schon allein von der ausschließlich biologischen Seite her die irrsinnige Ansicht von der „Höherwertigkeit" der Homozygotie oder im weiteren Sinne

„Reinrassigkeit" ad absurdum zu führen. Auf deren Konsequenzen und den Anteil der Wissenschaft an ihrer Herausbildung hatte vor wenigen Jahren Müller-Hill mit dankenswerter Deutlichkeit hingewiesen (Müller-Hill 1984).

Der bereits erwähnte Benzer hatte übrigens neben dem Cistron noch zwei weitere Termini in die genetische Literatur eingeführt: Das Recon als kleinste Einheit des genetischen Materials, die durch Rekombinationsereignisse nicht weiter unterteilbar ist; und das Muton als die Einheit, die nach struktureller Veränderung Ausgangspunkt für einen mutierten Phänotyp wird. Benzers Größenberechnung ergab für das Recon 2–3 und für das Muton etwa 1–5 Nukleotide als Mindestgrößen. Beide Einheiten haben sich im Sprachgebrauch der Genetiker nicht durchgesetzt. Man kann sie ins Archiv geben, da auch offensichtlich kein echter Bedarf für sie besteht.

Wie kam man auf den Begriff Cistron und wie wurde er experimentell abgeleitet? Dazu muß ich etwas formale oder „Kreide"-Genetik betreiben. Einen dihybriden Bastard der Konstitution $a^+a\ b^+b$ können wir auch in der folgenden Weise kennzeichnen: $\frac{a^+b^+}{ab}$, wobei wir mit dieser Schreibweise gleichzeitig ausdrücken wollen, daß a und b auf einem Chromosom lokalisiert, also gekoppelt sind. Der in der „Summenformel" gleiche Bastard kann auch $\frac{a^+b}{ab^+}$ sein, was in der Gesamtkonstitution nichts ändert. Die erste Formel bezeichnen wir als Ausdruck der „cis"-Stellung, in der zweiten stehen die genetischen Marken in „trans" (Abb. 1). Phänotypisch unterscheiden sich diese beiden Genotypen nicht. Sie sind beide normal, oder wie wir sagen Wildtyp. Anders wenn es sich hier nicht um zwei verschiedene Gene handelt, sondern um mutierte Bereiche ein und desselben Gens, sogenannte

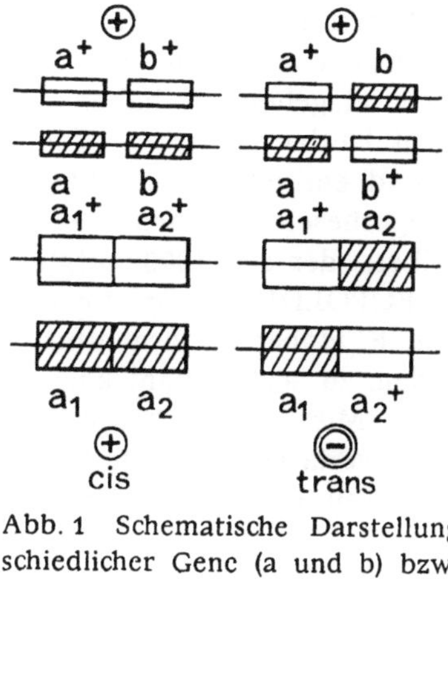


Abb. 1 Schematische Darstellung des Genotyps und Phänotyps im Falle unterschiedlicher Gene (a und b) bzw. unterschiedlicher Pseudoallele ($a_1$ und $a_2$).

Pseudoallele ($a_1$ und $a_2$). Auch Pseudoallele ergeben heterozygot in cis-Stellung den Wildtyp, in trans jedoch den mutierten Phänotyp. Während sich $a_1^+$ und $a_2^+$ in cis-Stellung zum Normalzustand komplementieren, erfolgt diese Komplementation in trans-Stellung nicht. Der cis/trans-Test wird daher auch als Komplementationstest bezeichnet. Es handelt sich im Grunde genommen hier um einen Lage- oder position-Effekt der Genwirkung, wie er in anderem Zusammenhang und auf chromosomaler Ebene bei *Drosophila* von Richard Goldschmidt u. a. beschrieben wurde.

Am Rande sei bemerkt, daß N. P. Dubinin bereits in den 30er und 40er Jahren bei der Untersuchung des *scute*-Locus von *Drosophila* zu einer Untergliederung des Gens in Pseudoallele – er nannte die Erscheinung Stufen-Allelismus – kam.

Sie werden fragen, wie man denn bei bakteriellen Viren, die ja keine Chromosomen besitzen, einen solchen cis/trans-Test durchführen kann? Auch hier wird ein kleiner Trick benutzt: Die Genome zweier Phagenpartikel verhalten sich genetisch innerhalb einer Bakterienzelle wie Chromosomen eines Zellkernes, d. h. sie kooperieren auch physisch miteinander. Durch die Mischinfektion einer Zelle mit zwei genetisch unterschiedlichen Phagengenomen formieren wir also quasi einen heterozygoten Phagen! Wir können so den Komplementationstest anwenden. Auch bei pseudoallelen Phagenmutanten ergibt eine Mischinfektion Wildtypreaktion, d. h. Lysis der Zelle, während homoallele Mutanten auch in Mischung zum mutierten Phänotyp, also Nicht-Lyse führen. Soweit zur Methode des cis/trans- oder Komplementationstestes.

Ein Cistron wurde daher unter Berücksichtigung dieses experimentellen Ansatzes als ein solches Chromosomensegment definiert, das die Information für eine im cis/trans-Test zu charakterisierende Funktion enthält.

Bevor ich jetzt zur Erläuterung der gegenwärtigen Vorstellungen zum Genbegriff und den damit verbundenen Problemen komme, möchte ich nicht nur aus historischen Gründen kurz auf einige von der zu ihrer Zeit vorherrschenden Lehrmeinung abweichende Ideen eingehen; sie haben sich zwar in der damals entwickelten Form als nicht haltbar erwiesen, jedoch gaben und geben sie fruchtbare Anregungen und enthielten viele beachtenswerte Ansätze. Es handelt sich um die Hypothesen und Arbeiten Richard B. Goldschmidts, eines deutschen Genetikers, der seit 1906 Mitglied der Deutschen Akademie der Naturforscher LEOPOLDINA war. Er war zwar von K. Heider, C. Correns, F. Keibel und F. Haber als ordentliches Mitglied unserer Akademie vorgeschlagen worden, zu seiner Wahl kam es jedoch bereits kurz vor 1933 nicht (Kirsten, pers. Mitt.). Goldschmidt war 1936 gezwungen, das faschistische Deutschland zu verlassen, er lebte bis zu seinem Tode 1958 in den USA und arbeitete am Dep. of Zoology der University of California in Berkeley.

Goldschmidt verfolgte das Ziel in Analogie zur theoretischen Physik, wenn schon nicht eine theoretische Biologie, dann aber eine theoretische Genetik, zu schaffen. Zeuge dafür ist sein 1955 bei University of California Press erschienenes Buch gleichen Titels (Goldschmidt 1955). Seine Erörterungen kreisen dabei um drei Fragen: Wie ist die Natur des genetischen Materials beschaffen? Wie wirkt das genetische Material bei der Kontrolle spezifischer Entwicklungsprozesse? und Wie tragen die Kenntnisse von der Natur des genetischen Materials und seiner Wirkung zum Verständnis der Evolution bei?

In bezug auf das uns hier interessierende Gen kommt er zu der Annahme eines spezifischen molekularen Musters in einer spezifischen Chromosomensektion, das für eine Merkmalsausprägung verantwortlich ist; jegliche Veränderung dieses Musters würde dann eine Mutation darstellen (fairerweise sollten wir uns vor Augen halten, daß das eben Wiedergegebene 1953/54 niedergeschrieben wurde, d. h. ohne unsere heutigen Kenntnisse von der Struktur des genetischen Materials). Für Goldschmidt war also das Chromosom ein längsgegliedertes Muster hierarchisch angeordneter Wirkungsfelder, ohne definierte strukturelle Grenzen innerhalb des Chromosoms. (Stellt man sich das Makromolekül der DNA in seiner Längsausdehnung, gegliedert in Sequenzabschnitte, die durch Start- und Stop-Kodonen – wie weiter unten erläutert wird – begrenzt werden, vor, können gewisse Ähnlichkeiten nicht übersehen werden).

Soviel zur terminologischen und auch wissenschaftsgeschichtlichen Entwicklung des Genbegriffs.

Was verstehen wir nun heute unter Gen und welches ist der Inhalt dieses Begriffs nach unseren gegenwärtigen Kenntnissen von der Struktur und Funktion des genetischen Materials?

Die französischen Molekularbiologen Jacob und Monod schlugen 1960 das Modell für einen Komplex genetischer Strukturen vor, den sie als Operon bezeichneten. Von diesem Komplex möchte ich bei meiner weiteren Betrachtung des Gens ausgehen, da er nicht nur das eigentliche Gen, sondern auch notwendige genetische Informationsstrukturen für dessen Regulation enthält. Das Operon besteht aus einer Reihe von Strukturgenen, die im wesentlichen dem entsprechen, was bis dahin unter Gen verstanden wurde. Neben einem oder mehreren Strukturgenen findet sich außerdem eine Operator- und Promotor-Sequenz, die in der Regel in Ableserichtung unmittelbar vor dem oder den Strukturgenen liegen. (Abb. 2) Die Regulationseinheit wird vervollständigt durch ein Regulatorgen, das in der Nähe des zu regulierenden Operons oder verstreut im Genom anzutreffen ist und ein Regulatorprotein determiniert. Bei negativer Kontrolle der Transkription, d. h. der Umschreibung der DNA-Sequenz in die Sequenz der zu synthetisierenden m-RNA, bindet die Operatorsequenz das Regulatorprotein; so wird die am Promotor, der Ansatzstelle der RNA-Polymerase, beginnende Ablesung der Information verhindert. Das Regulatorprotein wird daher auch

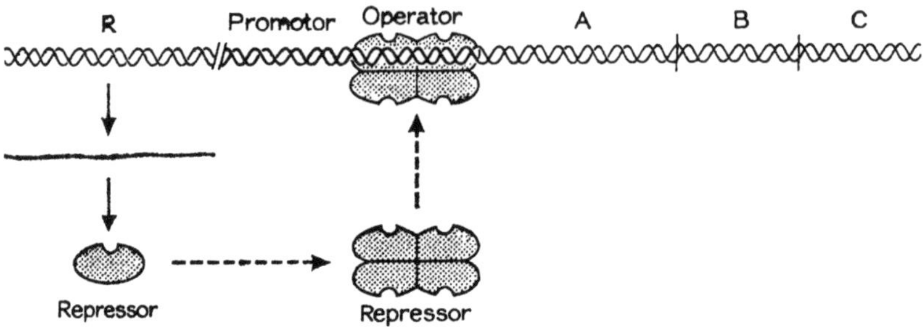


Abb. 2 Operon – Modell nach Jacob und Monod (R – Regulatorgen; A, B und C – Strukturgene).

als Repressor bezeichnet. Am Ende der Strukturgene befindet sich eine Terminator-Sequenz, die das Signal zur Beendigung der Transkription und zum Ablösen der RNA-Polymerase von der DNA enthält.

Danach befragt, wie denn diese Strukturen innerhalb des komplexen Vorganges der Genwirkung aufgefunden worden seien, ist die Antwort: Die wichtigste Methode bestand und besteht auch heute noch in der exakten genetischen und vor allem biochemischen Analyse solcher Mutanten, die in einzelnen der zahlreichen Schritte der Realisierung der genetischen Information und ihrer Regulation gestört sind. Die Auslösung sowie die gezielte Suche und Selektion spezifischer Mutantentypen haben sich auch hier wieder als hocheffektives Werkzeug und als Arbeitsmethode der Genetik bewährt.

Betrachten wir nun ein einzelnes Strukturgen. Das Auflösungsvermögen der genetischen Methoden, allen voran die Rekombinationsanalyse, ist heute so groß, daß wir bereits über ein relativ detailliertes Bild der intragenischen Struktur verfügen.

Bei aller Universalität grundlegender biologischer Phänomene besteht einer der wesentlichen Unterschiede zwischen prokaryotischer und eukaryotischer Organisationsform der lebenden Materie in der Längsstruktur der genetischen Informationsträger. Während prokaryotische Gene eine kontinuierliche, ununterbrochene Struktur, d. h. eine fortlaufende Sequenz aufweisen, die in RNA übersetzt wird, ist das bei der Mehrzahl der eukaryotischen Gene nicht der Fall. In der folgenden Abbildung (Abb. 3) ist ein solches unterbrochenes Gen sehr vereinfacht schematisch dargestellt. Das DNA-Molekül wird im Verlauf der Realisierung der genetischen Information zunächst in ein seiner Sequenz vollständig entsprechendes homologes RNA-Molekül (hnRNA) übersetzt. Aus diesem prä-RNA-Molekül, das viel größer ist, als die endgültige mRNA, werden anschließend Abschnitte entfernt und die in das Protein zu übersetzenden Segmente werden zusammengefügt. Dieser Prozeß wird als „splicing" der mRNA bezeichnet. Im bekannten Translationsvorgang erfolgt dann die Synthese des codierten Proteins

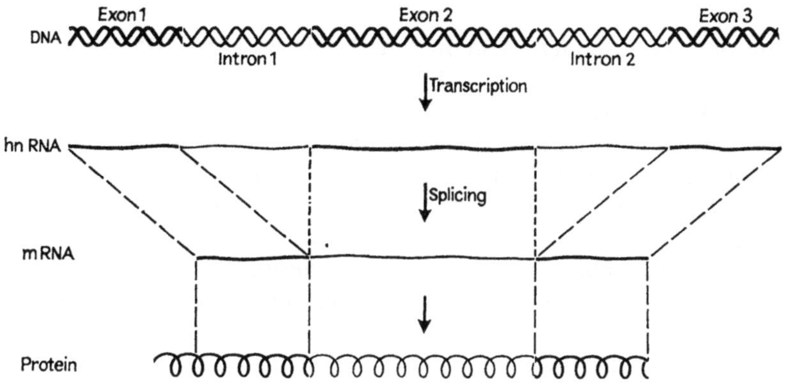

Abb. 3 Schema eines unterbrochenen Strukturgens und der Realisierung seiner Information während der Proteinsynthese (nach Lewin 1987).

mit der durch die Basensequenz der mRNA festgelegten Sequenz der Aminosäuren.

Wir kommen wieder zur Terminologie: Die intragenischen in RNA transkribierten Abschnitte der DNA erhielten Bezeichnungen: Exon steht für solche Sequenzen des Gens, die letztlich in komplementärer Form in der mRNA auftreten; Introns sind die zwischen den Exons innerhalb des Gens angeordneten Abschnitte, die nicht in die mRNA eingehen. Der Prozeß des Ausschneidens und des „Verschweißens" der Exons zur mRNA wird, wie oben gesagt, Splicing genannt, während der Gesamtvorgang der Bildung reifer mRNA, d. h. Transkription und Splicing, als Processing bezeichnet wird. Um in sehr grober Annäherung einen ungefähren Eindruck von den hier vorliegenden Größenverhältnissen zu erhalten, können wir Angaben verschiedener Autoren (z. B. Gilbert, 1985) zitieren. Danach soll bei Säugern die Größenverteilung von Exons relativ eng bei einem Maximum von 40 bis 50 codierten Aminosäureresten liegen, während die Introngröße stark variiert und einem Raum von 50 bis zu 10 000 oder 20 000 Basen einnimmt. Es wird geschätzt, daß Wirbeltiergene 10- bis 30fach länger sind, als die jeweilige codierende Region.

Als Biologe gibt man sich natürlich allein mit der „zur Kenntnisnahme" eines solchen Faktums wie der Existenz von Introns und Exons innerhalb eines Gens nicht zufrieden, sondern stellt zugleich die Frage nach der potentiellen Bedeutung der Introns. Eine solche biologische Bedeutung muß ja offensichtlich vorliegen, sonst hätte sich diese komplexe Struktur im Evolutionsprozeß nicht herausbilden können. Ohne diesen Gedankengang hier sehr vertiefen zu können, ist z. B. zu fragen, ob in den Intronsequenzen – so wie in Exons – Mutationsereignisse eintreten und es damit zur

Veränderung der Basensequenz von Introns kommen kann. Da wir – per definitionem – keine phänotypische Funktion der Introns kennen, ist es schwer, solche potentiellen mutativen Veränderungen experimentell festzustellen. Eine Ausnahme hiervon liegt dann vor, wenn die Mutation innerhalb eines Introns zu einem Stop-Kodon führt, an dem die Ablesung der Sequenz durch die RNA-Polymerase unterbrochen oder das Splicing der prä-mRNA verhindert wird. Eine echte Kodierungsfunktion von Introns wurde als offensichtliche Ausnahme bei Hefen nachgewiesen, bei denen ein Mitochondrien-Protein unabhängig von Exons in seiner Sequenz von Introns determiniert wird. Wir können darüber hinaus auf die bekannte Tatsache hinweisen, daß Gene für Proteinmoleküle, die in vielfacher Wiederholung benötigt werden, wie z. B. die Immunoglobulin-Gene, die Gene für Albumine, Alpha-Fetoproteine und für die Histokompatibilitätsantikörper in der Regel die Exon-Intron-Struktur in jeweils vielfacher Wiederholung aufweisen.

Es ist grundsätzlich wohl auch vorstellbar, daß Introns ein Reservoir und Ausgangsmaterial für im Evolutionsgeschehen benötigte und zur Verfügung zu stellende genetische Variabilität bilden. Ein Intron – oder ein Teil davon – würde dann in einem solchen hypothetischen Prozeß nach mutativer Veränderung in ein Exon übergehen. Weitere Forschungsarbeiten müssen hier exaktere Auskunft geben.

Entsprechend der differentiellen Funktionen im Prozeß der Realisierung der genetischen Information lassen sich weitere Bereiche innerhalb des Gens bzw. in seiner unmittelbaren Nachbarschaft unterscheiden (Abb. 4). Es handelt sich dabei vor allem um Signalsequenzen, die den Beginn bzw. den Stop des durch die RNA-Polymerase vollzogenen Transkriptionsprozesses determinieren. Auf eine Sequenz am Ende des oder einer Reihe von Strukturgenen, die das Signal zur Beendigung der Ablesung, also die Terminatorsequenz, enthält, hatte ich schon weiter oben hingewiesen. Am Beginn befindet sich eine Sequenz, die bei allen eukaryotischen Genen offensichtlich homolog und reich an Adenin- und Thymin-Nukleotiden ist. Es ist die sogenannte TATA- oder Hogness-Box, die im weiteren Verlauf von Guanin-Cytosin-reichen Sequenzen flankiert wird. Unter Box wird dabei eine aus mehreren Nukleotiden bestehende Sequenz verstanden, die bei den verschiedensten Organismen-Arten unabhängig von der Organisationshöhe

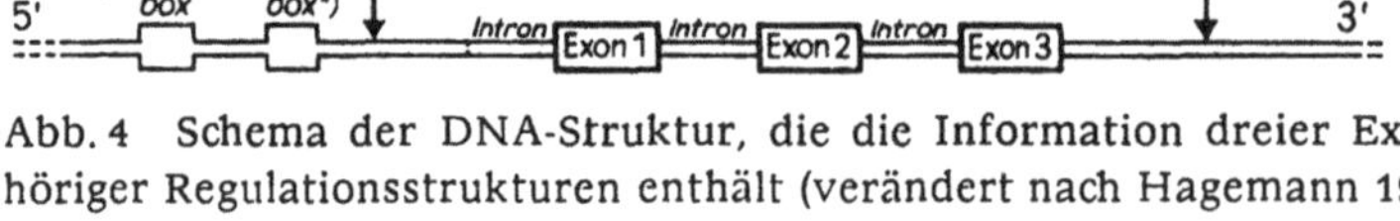


Abb. 4 Schema der DNA-Struktur, die die Information dreier Exons und dazu gehöriger Regulationsstrukturen enthält (verändert nach Hagemann 1984).

in gleicher Weise auftritt und offensichtlich Regulationsfunktionen ausübt. Es wird vermutet, daß die TATA-Box eine Rolle bei der korrekten Initiation der Transkription spielt. Häufig wird die m-RNA-Sequenz bis zum Beginn der kodierenden Region als „Leader"-Sequenz bezeichnet. Mutationen in der TATA-Box (z. B. von TATA→TAGA) können die Transkriptionsrate in vivo verändern. Hier sei darauf hingewiesen, daß während des bzw. nach dem Transkriptionsprozeß sowohl an der 5'-Leader-Sequenz als auch an der 3'-Terminator-Region weitere Sequenzen angefügt werden; das betrifft am 3'-Ende neben einer nichtkodierenden Region vor allem die bei den meisten eukaryotischen mRNA einheitliche poly A-Sequenz.

Analog zur oben erwähnten Hogness-Box eukaryotischer Gene befindet sich in der Promotor-Region prokaryotischer Gene eine entsprechende Sequenz etwa 5 bis 9 Basenpaare vor dem Start des kodierenden Bereiches; sie wird als Pribnow-Box bezeichnet und unterscheidet sich von der Hogness-Box durch die flankierenden Sequenzen.

Ich muß an dieser Stelle – nicht um die Dinge verwirrender zu machen, sondern der Vollständigkeit und des interessanten biologischen Phänomens halber – auf einen Befund hinweisen, der unsere bisherigen Vorstellungen von der linearen Organisation des genetischen Materials zumindest modifiziert. Ich meine die Entdeckung sich überlappender Gene. Erinnern wir uns: Das Leseraster in der DNA setzt sich aus Kodonen zusammen, die aus je 3 Basen bestehen und jeweils eine Aminosäure determinieren. Innerhalb eines Gens kann nun ein weiteres Start-Kodon enthalten sein, das den Beginn eines zweiten Gens signalisiert; bei dessen Ablesung, d. h. der Bildung der mRNA, wird ein anderes Raster verwendet, wie das schematisch in der folgenden Abbildung gezeigt ist (Abb. 5). Ein einfacherer Fall liegt vor, wenn unter Benutzung des gleichen Rasters nur mit unterschiedlichen Startpunkten von der gleichen Sequenz ein längeres und ein kürzeres Protein determiniert wird (Abb. 6).

Das Vorkommen überlappender Gene ist bei Bakteriophagen wegen des begrenzten Volumens, das für den Informationsträger zur Verfügung steht,

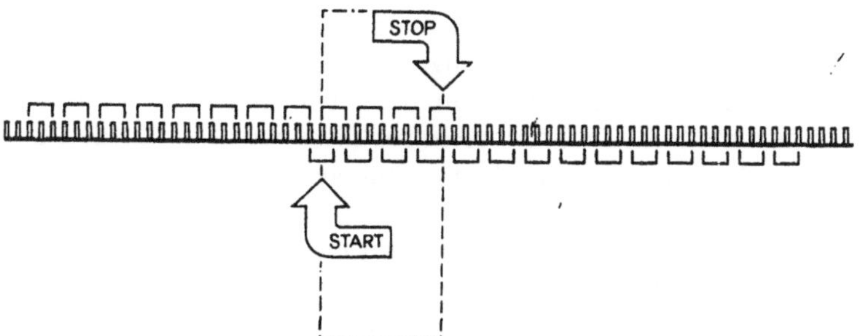


Abb. 5 Schema zweier sich überlappender Basensequenzen (nach Lewin 1987).

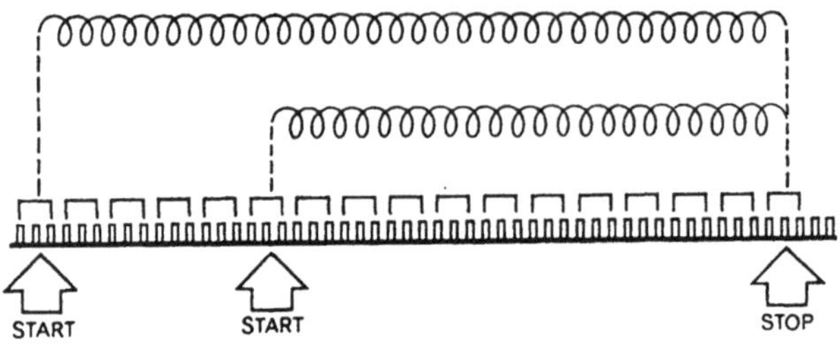


Abb. 6 Schema zweier Basensequenzen mit gleichem Leseraster, jedoch unterschiedlichen Startpunkten (nach Lewin 1987).

evolutionistisch besonders verständlich; überlappende Strukturen wurden jedoch auch bei den Mitochondrien-Genen von Hefen gefunden und treten offensichtlich vereinzelt auch bei höheren Eukaryoten auf.

Die Existenz sich überlappender Gene scheint mir in ihrer letzten Konsequenz noch nicht voll ausgeleuchtet zu sein. Hier wird offensichtlich eine Grundfrage des Inhalts des Genbegriffs berührt. Sie besteht hierin: Bei sich überlappenden Genen wird beim Ablesen eines gleichen DNA-Abschnittes durch die RNA-Polymerase ein unterschiedliches Raster verwendet und daher von der gleichen Nukleotidsequenz ein alternativer Informationsgehalt realisiert. Ein und dieselbe Polynukleotid-Sequenz übt offensichtlich je nach Leseraster eine unterschiedliche Funktion aus. Das Gen stellt sich hier deutlich als eine materielle Einheit im Sinne von materiell-gebundener Information dar.

Ich komme zu einem weiteren Abschnitt der Geschichte vom Gen, dessen Inhalt ich persönlich für eine der aufregendsten Entwicklungen in der modernen Biologie halte. Man könnte als Überschrift für diesen Abschnitt etwa die Formulierung „Über transponierbare Gene" wählen. Manchmal wird auch der Ausdruck „springende Gene" gebraucht. Zum gleichen Thema hat, beinahe auf den Tag genau, vor 3 Jahren Herr Wobus (Wobus 1985) hier gesprochen, so daß ich mich auf die von ihm vermittelten Kenntnisse und Erkenntnisse stützen kann; ich werde daher den Akzent mehr auf den Zusammenhang mit dem generellen Thema meines Vortrages legen. Wobus hat auch nachdrücklich auf den Umstand hingewiesen, daß die amerikanische Mais-Genetikerin, B. McClintock, bereits in den 40er und 50er Jahren in einer Serie von Experimenten den Grundstein für diese wichtige Entdeckung gelegt hatte. Sie wurde lange Zeit mitleidig und verständnislos belächelt; 1983 erhielt sie den Nobelpreis.

B. McClintock hatte u. a. den folgenden Befund erhoben: Gene des Mais-Genoms, die sie als Kontrollelemente bezeichnet, können ihre Lage im Genom verändern und dadurch bestimmte genetische Effekte verursachen. Ich möchte nicht auf Einzelheiten der zeitlichen Abfolge der Entwicklung dieser Forschungsrichtung und die Details der umfangreichen Mais-Arbeiten eingehen, sondern den heutigen Stand unseres Wissens über derartige Lageveränderungen im Genom und deren Auswirkungen auf unser Verständnis vom Gen darstellen.

Zwei neue Begriffe treten dabei auf: Insertion – Sequences oder IS-Elemente und Transposons bzw. als Vorgang die Transposition. Erinnern wir uns: Morgans Vorstellung von den Genen, angeordnet auf dem Chromosom wie Perlen in einer Perlenkette, führte unter Verarbeitung der zu jener Zeit vorliegenden genetischen Kenntnisse zur Chromosomentheorie der Vererbung. Eines ihrer hervorstechendsten Merkmale war die Stabilität des Genoms und damit die Stabilität der einzelnen Erbanlage, unterbrochen durch ein höchst selten eintretendes Ereignis – die Mutation. Die Stabilität des Genoms bezog sich jedoch nicht nur auf die Qualität der einzelnen Einheit, des Gens, sondern auch auf dessen Lage im Verband des Chromosoms. Diese wiederum wurde nur unterbrochen durch eine ebenfalls selten eintretende Ortsverlagerung von Chromosomenabschnitten als Folge einer Chromosomenmutation.

Ich muß wieder an Goldschmidt erinnern: Er faßte das Gen als Ausdruck eines spezifischen molekularen Musters in einer spezifischen Chromosomensektion auf und die Mutation als Folge der Veränderung dieses Musters, die auch durch eine Lageveränderung innerhalb des Chromosoms und zwar bevorzugt an den Rändern des verlagerten Bereiches bewirkt werden kann. Die klassischen Lage- oder Positions-Effekte vor allem bei *Drosophila* dienten meist als beweisendes Beispiel. Mit der Aufdeckung des Phänomens der Transposition und der Ableitung des Begriffes Transposon kommt die moderne genetische Forschung auf einer anderen, der molekularen Ebene, in modifizierter Form auf diese Vorgänge zurück.

Das allgemeine Prinzip, das dem Phänomen der Transposition zugrunde liegt, sei anhand der Interpretationen von Untersuchungsergebnissen an bakteriellen Transposons erläutert.

Bei dem genetisch und molekularbiologisch hervorragend charakterisierten *E. coli* wurden Mutanten isoliert, die den Ausfall einer Funktion aufweisen und die auf eine Blockierung der Transkription und/oder der Translation zurückzuführen waren. Diese Hemmung wird durch einen Einbau, eine Insertion, von kurzen DNA-Sequenzen verursacht, die als IS-Sequenzen bezeichnet werden. Sie können eine Länge von einigen 100 bis zu mehreren 1000 Basenpaaren aufweisen. Charakteristisch ist ihre molekulare Struktur: An den Enden befinden sich Bereiche mit gleichartigen, jedoch gegenläufig orientierten Basenfolgen. Zwischen diesen Enden kann eine kodierende Sequenz liegen, die z. B. Gene für Antibiotikaresistenzen enthält. Ein für die Transposition verantwortliches Enzym, die Transposase, wird vom Transposon selbst kodiert. Das offensichtlich durch einen exzisionsartigen Mechanismus erfolgende Ausschneiden tritt mit einer Frequenz von

$10^{-6}$ bis $10^{-10}$ pro Element pro Generation ein. Die Insertion hat eine Häufigkeit von $10^{-5}$ bis $10^{-7}$ pro Generation.

Bei höheren Pflanzen wurden Transposons bisher vor allem bei *Zea mays* und *Antirrhinum majus* beschrieben und eingehend genetisch sowie biochemisch untersucht. Für *Trypsacum dactyloides* und *Glycine max* liegen ebenfalls Berichte vor. Obwohl genetisch gut bekannt, ließen sich bei der Tomate eigentümlicherweise bisher noch keine Transposons nachweisen.

Intensiv wurden in den letzten Jahren die Vorgänge beim Einbau und beim Ausschneiden von Transposons auf molekularer Ebene erforscht, so daß wir über relativ umfassende Informationen zur Struktur transponibler Elemente, insbesondere über deren Randsequenzen und die den Einbauort flankierenden Sequenzen des Rezipientenchromosoms verfügen. Auf strukturelle Details kann ich hier nicht eingehen, nur so viel sei gesagt, daß der Einbauvorgang die Duplikation kürzerer Sequenzen des Rezipienten und an den Termini des transponierten Elements einschließt. Dabei fällt eine Sequenzähnlichkeit zwischen den jeweiligen Enden bei so unterschiedlichen Objekten wie z. B. *A. majus* und *Glycine max* oder Mais und dem Löwenmäulchen auf. Möglicherweise können wir annehmen, daß die an der Transposition beteiligten Transposasen einen spezifischen begrenzten Kreis von Strukturelementen erkennen können. Die Duplikationen der Rezipienten-DNA verschwinden in der Regel z. B. bei *Drosophila* beim Ausschneiden der Transposons; sie bleiben bei Pflanzen allerdings in der Regel in mutierter Form erhalten.

Zu weiteren Einsichten in die Mannigfaltigkeit möglicher Organisationsformen des genetischen Materials hat uns das Studium der Retroviren geführt. Retroviren sind Tumorviren, deren Genom in einsträngiger RNA enthalten ist; die Genomgröße beträgt 6 bis 9 kb. Ihr Entwicklungszyklus schließt die Rücktranskription in zunächst eine einsträngige, dann doppelsträngige DNA ein, die in das Genom der Wirtszelle eingebaut wird. Von hier kann das Virusgenom erneut zu einsträngiger RNA transkribiert werden, die zu infektiösen Viruspartikeln verpackt wird.

Die Ähnlichkeit mit temperenten Bakteriophagen, die die Bakterienzelle in den lysogenen Zustand mit Prophagen im Bakteriengenom versetzen können, ist unübersehbar. So wie temperente Phagen zur Transduktion, sind Retroviren zur Übertragung von chromosomalen Genen der Wirtszelle auf eine infizierte Rezipientenzelle fähig. Am Rande möchte ich erwähnen, daß das Enzym, das die Umschreibung von RNA in DNA vollzieht, eine Umkehrtranskriptase oder Revertase, Schlüsselbedeutung für die Gentechnik erhalten hat.

Die Genübertragung durch Retroviren spielt vor allem durch den Transfer von *onc*-Genen – entweder zellulären oder auch viralen Ursprungs – bei der viralen Kanzerogenese eine entscheidende Rolle. Zelluläre *onc*-Gene haben in der Regel eine durch Introns unterbrochene, virale *onc*-Gene eine ununterbrochene kontinuierliche Struktur. Es wird angenommen, daß die v-*onc*-Gene von gespleißten RNA-Kopien zellulärer *onc*-Gene abstammen.

Mit dem Nachweis der DNA-Synthese an einer RNA-Matrize bei den Retroviren wird das Prinzip des unidirektionalen Informationstransfers von DNA auf RNA – ein wesentlicher Bestandteil des sogenannten zentralen Dogmas der Molekularbiologie – durchbrochen. Die weitere Vertiefung und vor allem Verbreitung der molekularbiologischen Forschungsgrundlage auch im Sinne der Einbeziehung neuer Objekte der verschiedensten Organisationsstufen wird Gewißheit darüber bringen, ob es sich hier um einen atypischen Sonderfall handelt oder ob grundsätzliche Theoreme der Genetik neu durchdacht werden müssen.

Ich habe bisher in mehrfachem Zusammenhang auf Duplikationen von Gensequenzen und ihre Rolle im Rahmen von Strukturveränderungen hingewiesen. Genduplikationen scheinen im Laufe der Evolution eine nicht geringe Bedeutung zu haben. Im einfachsten Fall können wir uns den Ablauf so vorstellen, daß nach einer Duplikation eine Kopie des Gens die originale Funktion weiterhin ausübt, während das Duplikat durch Mutation eine evolutive Veränderung erfährt. Translokationen innerhalb des Genoms können dann zu einer auch räumlichen vollständigen Trennung der duplizierten Gene führen, wobei der Abkömmling als Pseudogen bezeichnet wird. Pseudogene sind also durch Duplikation entstandene Gene; sie besitzen Sequenzen, die funktionellen Genen verwandt sind, die jedoch nicht in ein funktionelles Protein translatiert werden können. Pseudogene sind quasi Relikte der Evolution; sie haben in der Regel, ohne der Selektion zu unterliegen, zahlreiche Mutationen akkumuliert. Ihre Existenz wirft u. a. die Frage auf, weshalb sie noch nicht durch Selektion eliminiert wurden. Noch zahlreiche weitere Probleme warten hier auf ihre Lösung; sie gehören zur molekularen Evolutionsgenetik, die sich u. a. mit der Frage befaßt, durch welchen molekularen Mechanismus Gene mit neuen Funktionen aus vorhandenen hervorgehen können.

Ich möchte zu einigen zusammenfassenden Überlegungen und abschließenden Interpretationen kommen. Mein Ziel war es, den Weg des Genbegriffs im lezten halben Jahrhundert in Umrissen nachzuzeichnen. Dieser Begriff hat ausgehend von der Erbanlage und der Johannsenschen Fassung des Gens bis zu der funktionelle RNA- oder Proteinmoleküle determinierenden DNA-Sequenz einen erstaunlichen Weg der Materialisierung genommen. Überhaupt scheinen mir reduktionistisches Vorgehen und streng materialistische Konzeptionen wichtige, ja unerläßliche Wegbegleiter bei der Erforschung des Gens und der Formulierung des Genbegriffes gewesen und noch erforderlich zu sein. Ich möchte auch den damit verbundenen hohen Grad der Abstraktion nennen, der die Bemühungen auf diesem Gebiet auszeichnet (der Einfluß von Physikern ist hier unschwer zu erkennen). Ohne Anspruch auf eine wissenschaftshistorische und wissenschaftstheoretische

Analyse erheben zu wollen, muß die Folgerichtigkeit und Konsequenz hervorgehoben werden, mit der ausgehend von den Anfängen der Formulierung der Chromosomentheorie der Vererbung die Grundlagen für den heutigen Entwicklungsstand gelegt wurden. Charakteristisch für diesen Entwicklungsweg ist der Wechsel von Etappen, in denen entweder mehr die Stabilität, der Konservatismus, der Gene betont wurde, oder die Veränderlichkeit, die Dynamik, des genetischen Materials in ihrer Bedeutung für die ontogenetische und phylogenetische Entwicklung im Vordergrund des Interesses stand.

In der Regel treffen wir Gene als Bestandteil der Chromosomen, so bei den höheren und niederen Eukaryoten, an. Darüber hinaus können auch extrachromosomale Strukturen, soweit sie Nukleinsäuren enthalten, die Funktion von Trägern genetischer Informationen ausüben. Die Mannigfaltigkeit der Informationsträger wie Chromosomen, Episomen, anderen extranukleären Zellorganellen und viralen Strukturen steht die Universalität und Einheitlichkeit des Grundmusters der Gene gegenüber: es sind lineare Folgen von Sequenzen aus meist vier unterschiedlichen Nukleotiden, die in ihrer sequentiellen Anordnung nach dem genetischen Code entschlüsselbar sind. Sie determinieren Struktur- und Regulationselemente. Eine Mutation des Gens ist eine Veränderung der so bestimmten Information und zusammen mit der Rekombination der Gene Grundlage und Ausgangspunkt der Evolution.

Die Geschichte der Herausbildung des Genbegriffs ist ein Beispiel für die Entwicklung einer wissenschaftlichen These von der abstrakten Hypothese zur streng experimentell bewiesenen Theorie. Wenn die experimentelle Verifizierbarkeit und Reproduzierbarkeit der Beweis für die Richtigkeit einer Theorie ist, dann stellen Isolierung, Sequenzierung und vor allem in vitro-Synthese eines funktionellen Gens den endgültigen und beispielhaften Beweis für die Richtigkeit der bisherigen Postulate der Gentheorie dar. Zahlreiche Probleme harren jedoch zweifellos noch ihrer Lösung.

Lassen Sie mich deswegen mit einem Gedanken von Salvador Luria, einem der Mitbegründer der Molekulargenetik, abschließen, den er 1986 äußerte, und den ich für sehr wichtig und richtig halte. Er lautet in freier Übersetzung: „Wenn man über die Aussichten für weiteren Fortschritt nachdenkt, ist man versucht, in eine Stimmung romantischen Pessimismus zu verfallen: Alles was noch bleibt, ist entweder Anwendung oder epistemologische Untersuchung. Solcher Art war die Stimmung in der Physik um 1900, nach Maxwell und Boltzmann und gerade bevor Curie, Planck, Rutherford, Einstein und Bohr auf der Bildfläche erschienen; so ist also auch jetzt Hoffnung für die jungen Biologen, die noch den Traum von großen Entdeckungen träumen".

Ich habe dem nichts hinzuzufügen.

## Literatur


Benzer, S.: The elementary units of heredity. In: McElroy, W. D. and B. Glass. A symposium on the Chemical Basis of Heredity, Baltimore, The John Hopkins Press 1957.

Böhme, H.: Gezielte Eingriffe in das genetische System – erste experimentelle Ansätze. Nova Acta Leopold. 42 (1975) 299-309.

Dillon, L. S.: The Gene – its structure, function and evolution. Plenum Press, New York, 1987.

Dubinin, N. W.: Obsčaja Genetika, Isdat. „Nauka", Moskva 1976.

Gilbert, W.: Genes-in-Pieces Revisited. Sciece 228 (1985) 823.

Goldschmidt, R. B.: Theoretical Genetics. University of California Press, Berkeley and Los Angelos 1955.

Hagemann, R.: Allgemeine Genetik. VEB Gustav Fischer Verlag, Jena 1984.

Jacob, F. and J. Monod: On the regulation of gene activity. Cold Spring Harbor Symp. quant. Biol. 26 (1961) 193.

Lewin, B.: Genes III. Ed. John Wiley & Sons, New York, 1987.

Luria, S. E.: 1986 zitiert nach Lewin, B.: Genes III, J. Wiley and Sons, New York 1987.

Müller-Hill, B.: Tödliche Wissenschaft. Die Aussonderung von Juden, Zigeunern und Geisteskranken 1933–1945. Rowohlt Taschenbuch Verlag GmbH, Reinbeck bei Hamburg, 1984.

Pontecorvo, G.: Genetic Formulation of Gene Structure and Gene Action. Adv. in Enzymology XIII, 121, 1952.

Stubbe, H.: Genmutation. I. Allgemeiner Teil. Gebr. Borntraeger, Berlin 1938.

Timofeff-Ressovsky, N.W. und K. G. Zimmer: Das Trefferprinzip in der Biologie. S. Hirzel Verlag, Leipzig, 1947.

Watson, J. D. and F. H. C. Crick: Molecular structure of nucleic acid. A structure for deoxyribose nucleic acid. Nature 171 (1953) 737-738.

Wobus, U.: Springende DNA-Elemente in Eukaryoten. Sitzungsber. d. AdW d. DDR, 14/N, 1985.

Bei Fragen zur Produktsicherheit wenden Sie sich bitte an:
If you have any questions regarding product safety,
please contact:

Walter de Gruyter GmbH
Genthiner Straße 13
10785 Berlin
productsafety@degruyterbrill.com